DU
GENÉVRIER,

SES CARACTÈRES BOTANIQUES,

SA COMPOSITION CHIMIQUE, SON ACTION PHYSIOLOGIQUE;

APPLICATION THÉRAPEUTIQUE

DE

L'ÉTHÉROLÉ DE GENIÈVRE

AU TRAITEMENT DE LA GRAVELLE, DES CALCULS VÉSICAUX, BILIAIRES,
DE LA GOUTTE, DES RHUMATISMES ET DES NÉVRALGIES,

PAR DURAND (de Gray).

Le meilleur remède est celui qui
guérit sans danger.
(ORFILA.)

———◦◦❈◦◦———

SIXIÈME ÉDITION.

———◦◦❈◦◦———

BESANÇON,

IMPRIMERIE ET LITHOGRAPHIE DE J. JACQUIN,

Grande-Rue, 14, à la Vieille-Intendance.

—

1866.

PRÉFACE DE LA PREMIÈRE ÉDITION.

———∘∘⟡∘∘———

Le dépôt formé par l'urine soit dans les reins, soit dans la vessie, se présente sous la forme d'une poudre très fine. Parmi les corps constituants de l'urine, se trouve le mucus. Si on examine de l'urine placée entre l'œil et la lumière, on y aperçoit un léger nuage de mucus suspendu dans le liquide à des hauteurs différentes ; par la filtration au travers du papier, le mucus restera à la surface du filtre sous forme d'une couche très mince semblable à un vernis. C'est ce mucus, analogue à du blanc d'œuf, qui fait adhérer les uns aux autres, pour former des graviers, les grains de poudre très fins qui composent les dépôts urinaires. Une fois un gravier formé, il augmente de volume par l'addition successive des couches sablonneuses fixées par le mucus.

Quand un gravier est arrivé à une certaine grosseur, il prend le nom de calcul ou de pierre.

La propriété essentielle de l'*Éthérolé de genièvre* est de dissoudre le mucus qui réunit entre eux les grains de sable dont sont formés les graviers. Si dans un flacon contenant de cet *Éthérolé* on place un gravier, celui-ci se désagrége : le mucus étant dissous, le sable très fin, devenu libre, se trouve au fond du flacon.

Le mucus et le sable se réunissant ne donnent pas toujours naissance à des calculs ; il arrive souvent que les parois internes de la vessie se trouvent tapissées de cette espèce de mortier ; les contractions de la vessie lors de l'émission de l'urine se font incomplétement ; de là la nécessité d'uriner souvent.

Nous avons dit que l'*Éthérolé* désagrégeait les graviers. En effet, après avoir fait usage pendant quelques jours de cette préparation, le malade peut avoir en suspension dans l'urine un nuage assez souvent semblable à une toile d'araignée ; c'est le mucus, et la poussière sédimenteuse qui est au fond du vase est la poudre des graviers ou du calcul.

Maintenant, que faut-il faire pour guérir la gravelle, pour empêcher l'urine de déposer des urates, des phosphates, des sels de chaux et de magnésie, etc., etc.?

Il faut priver l'urine de ces sels. En s'adressant aux végétaux et à l'eau, on comprend que les reins n'auront pas grand'peine à éliminer les matières salines en excès. Aussi les prisonniers, les indigents, n'ont-ils pas la gravelle.

Que le lendemain d'un repas succulent arrosé de vins généreux, l'urine dépose un sédiment rouge, ce n'est pas un grand mal; la nature est là pour maintenir l'équilibre, conserver ce qui est nécessaire et éliminer le superflu.

Mais il arrive que, soit par l'âge, soit par faiblesse d'organes, soit par fatigue et lassitude des reins, le fonctionnement n'est plus régulier; les sels en excès, au lieu d'être éliminés, se maintiennent en partie dans les reins, leur agrégation finit par composer un gravier dont la grosseur ou la disposition angulaire obstrue le canal qui unit les reins à la vessie, et donne lieu à une colique (colique néphrétique), qui ne cesse que lorsque l'effort de progression est devenu assez énergique pour déplacer le gravier et le transporter dans la vessie.

D'autre part, une partie des sels concourant à la production de ces concrétions urinaires circule avec le sang dans l'ensemble des organes, et finit par se fixer dans les endroits où la circulation, moins active ou brisée dans son parcours, facilite leur dépôt; c'est ainsi que ce temps d'arrêt s'opère dans les articulations, dont les mouvements ne tardent pas à être ankylosés : c'est l'affection qui constitue *la goutte*.

Le dépôt d'un sédiment foncé ou couleur de brique, à la suite du refroidissement de l'urine, accompagne si constamment tous les symptômes actifs de la goutte, que sa connexion avec ces mêmes symptômes est fortement gravée dans l'esprit du malade, qui donne alors à cette urine le nom de *goutteuse*. Un précipité abondant de mucosités suit invariablement la présence de ces sédiments, se mêle en partie avec eux, et produit en partie des couches distinctes au-dessus d'eux.

L'estomac est le milieu dans lequel la goutte est créée. Un excès de nourriture qui outre-passe les forces de l'assimilation naturelle et qui procure une quantité de sang plus grande que celle qui est nécessaire aux besoins du corps, tels sont les fondements matériels de la maladie. Dans les exemples d'attaques soudaines et inattendues, au moment où le malade se considère comme jouissant de la meilleure santé possible, on le voit communément poursuivre son genre de vie peu réglé, d'où naît un état de réplétion qui, insidieusement, se change en un accès de goutte. La pesanteur spécifique plus grande de l'urine, provenant de l'augmentation de ses principes, phénomène constant pendant un paroxysme, paraît être une preuve certaine que les vaisseaux sont surchargés d'un sang qui pèche par sa quantité et aussi par sa qualité. On a remarqué aussi que, pendant le paroxysme, il y a, par comparaison avec l'état de santé, une sécrétion extraordinaire de l'urine et de tous les autres principes salins de l'urine. Il arrive un moment, dit M. Michel Lévy, où la sécrétion urinaire, devenue insuffisante pour l'élimination de tout l'azote importé dans le corps par une nourriture démesurée, le laisse déposer sous forme d'acide urique, et suscite l'imminence des affections goutteuse et calculeuse. Voici les faits qui ont servi à étayer cette théorie chimique de la goutte. L'acidité très forte de l'urine, l'augmentation de la quantité normale d'acide urique ou d'urates dans ce liquide, la fréquence de la gravelle d'acide urique, la présence insolite ou accrue de ce produit dans le sang des goutteux, conduisent à penser que la cause probable de la diathèse goutteuse est précisément l'excès d'acide urique dans les liquides de l'organisme. Cette étiologie de la goutte a déjà été signalée en 1787 par Murray et Forbes, en 1805 par Parkinson, et en 1810 par Wollaston.

Les excès vénériens sont placés, par tous les auteurs, au rang des causes de la goutte. Ils sont le sujet de vers latins et grecs et d'une foule de citations qui consacrent l'influence funeste de Vénus et de Bacchus sur le développement de la maladie. Je ne serai pas assez téméraire pour attaquer une aussi vieille croyance; je dirai seulement que l'influence de Vénus, pour me servir de l'expression usitée, a été grandement exagérée, et que les excès vénériens n'agissent que comme cause débilitante.

Enfin la diminution de la transpiration cutanée, admise par un grand nombre de médecins comme cause occasionnelle de la maladie, quoiqu'elle n'ait été démontrée par aucune expérience rigoureuse, mérite qu'on en tienne compte.

Il est admis aujourd'hui : 1° que la goutte est une maladie non-seulement nuisible à la constitution, mais en outre destructive de l'organisation des tissus particuliers qu'elle affecte, ce qui ne tend à rien moins qu'à raccourcir la vie et à la rendre misérable ; 2° qu'elle peut être influencée par l'art d'une manière utile et complète, ainsi que toute autre maladie dangereuse; 3° que l'accès peut être immédiatement soulagé dans ses douloureux symptômes, et matériellement diminué pour sa durée ; 4° qu'enfin la plupart de ses conséquences naturelles funestes peuvent être prévenues avec du temps et des soins, et par des moyens qui, en détruisant la maladie, tendent en même temps à rétablir la constitution.

Le traitement *hygiénique* auquel elle cède le mieux est celui qui repose sur les indications suivantes : 1° diminuer la quantité de substances alimentaires azotées; 2° éviter la réplétion trop grande de l'estomac ; 3° assurer l'accomplissement régulier des fonctions digestives et entretenir la liberté du ventre ; 4° exciter l'activité fonctionnelle de la peau ; 5° favoriser l'écoulement des produits azotés qui se forment dans les reins. Tous les médecins, et les goutteux eux-mêmes, s'accordent à reconnaître l'efficacité d'un pareil régime, lorsqu'il est suivi avec rigueur et persévérance pendant longtemps, quelquefois durant la vie entière.

Je me borne à indiquer cette influence heureuse et incontestée de la diététique, parce qu'elle sert à établir qu'un ensemble de modificateurs généraux est nécessaire pour combattre la diathèse goutteuse.

DURAND (de Gray),

Pharmacien-Chimiste, lauréat de l'École de Médecine et de Pharmacie (concours de 1859), membre correspondant de l'Institut de Londres et de plusieurs Sociétés savantes. (Neuf médailles.)

DU GENÉVRIER.

I.

Caractères botaniques et propriétés générales.

Le *Genévrier* est un genre de plantes de la famille des *Cupressinées*, composé d'arbres et d'arbustes à feuilles linéaires, toujours vertes, à fleurs monoïques, les mâles en chaton ovoïde, les femelles en chaton arrondi, formant plus tard une *baie* de la grosseur d'un pois, à deux ou trois noyaux.

Le genévrier croît en France, dans les lieux âpres, stériles, rocheux, montagneux; il n'est chez nous qu'un arbrisseau; mais dans le midi c'est un arbre qui s'élève à une hauteur de 6 à 7 mètres.

Le bois du genévrier ordinaire (*juniperus communis*) n'a que peu d'odeur et une saveur légèrement balsamique; on n'en retire par l'analyse qu'une très petite quantité d'huile essentielle; mais ses principes résineux et gommeux sont plus abondants. Le bois a une activité inférieure aux baies dans les maladies où celles-ci sont indiquées.

Les sommités du *genévrier* sont regardées comme *diurétiques* et comme très propres à guérir l'*hydropisie*.

Les baies ont une saveur en même temps douce, aromatique et un peu amère. La saveur douce est due au principe gommeux qu'elles contiennent en grande quantité, et leur amertume à la partie résineuse, qui est aussi fort abondante. Ces baies, quoique très communes, sont cependant un des meilleurs médicaments qui existent ; elles augmentent légèrement le cours des urines, auxquelles elles communiquent une odeur de violette, rendent la transpiration insensible plus abondante, donnent plus d'activité à l'estomac et aux intestins affaiblis par les humeurs séreuses. On les emploie avec succès contre les affections flatulentes, l'hydropisie, la suppression des règles, les fièvres intermittentes et malignes, etc. Jetées sur des charbons allumés, elles répandent une odeur aromatique et forte. Ce parfum réveille l'action du système nerveux, et peut être utile dans l'asthme humide, la toux catarrhale et la phthisie pulmonaire.

Les propriétés excitantes des baies de genièvre exercent sur l'économie une action physiologique qui se transmet à d'autres organes que l'estomac, ce qui l'a fait prescrire, dès le dernier siècle, contre les affections des voies urinaires, la néphrite calculeuse, les obstructions abdominales, le scorbut, quelques maladies de la peau et rhumatismales.

En Russie, on fait un fréquent usage de la poudre de baies du *juniperus communis*, mélangée avec les baies de laurier. On en fait d'excellentes frictions contre les affections psoriques.

Dans les environs d'Alais (Gard), on distille les branches des vieux genévriers pour obtenir l'*huile de cade,* employée avec le plus grand succès contre les affections chroniques de la peau, la gale, le lichen, les eczémas. C'est le docteur Ferry, d'Alais, ainsi que le docteur Serre, qui ont fait connaître les propriétés de cette huile, et qui l'ont préconisée comme une ressource de plus dans le traitement des dartres sécrétantes et dans les ophthalmies scrofuleuses.

II.

Composition chimique du genévrier.

Le bois du *juniperus* a donné à Stolz par la distillation (1) :

1° Acide pyrolignenx	45	80
2° Huile empyreumatique	10	73
3° Charbon	22	70
4° Gaz.	20	77
	100	»

Les baies de genévrier ont donné à Trommsdorff :

1° Huile volatile	1	»
2° Cire	4	»
3° Résine.	10	»
4° Sucre avec de l'acétate et du malate de chaux.	33	8
5° Gomme avec des sels végétaux	7	»
6° Fibre ligneuse	35	»
7° Eau	12	9
8° Excès	3	7
	107	4

III.

Action physiologique du genévrier.

Ces analyses expliquent les propriétés stimulantes, diu-rétiques, toniques et diaphorétiques du genévrier.

1° Comme *stimulants*, le genévrier et ses préparations se rapprochent des propriétés du *laurus sassafras*.

2° Comme *diurétiques*, ils augmentent la sécrétion urinaire, qui, à son tour, élimine du sang l'eau en excès, et avec cette eau, les substances solubles non volatiles, qui n'ont

(1) Traité des Essais de Berthier, tome Ier, page 248.

point été assimilées, ainsi que certaines matières spéciales (urée, acide urique), produits de la désassimilation.

3° Comme *toniques*, le genévrier et ses préparations ont des effets immédiats peu appréciables d'abord, mais peu à peu l'appétit devient de plus en plus prononcé, les digestions plus faciles, plus promptes, et la constipation se manifeste.

Dans quelques cas cependant, où la constipation naturelle est le résultat même de l'atonie du canal intestinal, les effets ordinaires des toniques sont de solliciter l'action péristaltique des intestins; c'est ainsi que chez les sujets débiles et très constipés, les décoctions de bois de genièvre provoquent quelquefois plusieurs évacuations alvines, un ou deux jours de suite ; mais cet effet, ordinairement passager, cesse bientôt pour faire place de nouveau à la constipation. Cette première impression sur les organes de la digestion est bientôt suivie d'une réaction sur l'appareil circulatoire ; les battements du cœur et des artères deviennent notablement plus forts et plus résistants, sans être cependant plus fréquents comme dans l'action des stimulants. Les mouvements d'inspiration et d'expiration sont plus développés et plus profonds, à cause de l'énergie qu'imprime l'action des toniques à tout le système. Ces effets sont, au reste, dit Guersant, d'autant plus prononcés, que l'individu qui est soumis à l'emploi des agents toniques est plus débile et que ses fonctions digestives sont plus faibles. C'est à cette action corroborante, communiquée d'abord aux organes de la digestion et transmise ensuite à ceux de la circulation et de la respiration, qu'il faut attribuer l'assimilation plus parfaite des liquides et la nutrition plus abondante qui en est une conséquence naturelle. L'absorption s'exécute avec plus d'énergie sous l'influence des toniques, d'abord à l'intérieur du canal intestinal, comme le prouve la constipation presque constante qui les accompagne, et ensuite dans toutes les cavités et dans le tissu cellulaire sous-cutané. Les infiltrations œdémateuses des convalescents cèdent ordinairement à l'in-

fluence des toniques administrés, soit à l'intérieur, soit à
l'extérieur, les sécrétions s'opèrent d'une manière plus uni-
forme, plus régulière et dans des conditions plus favorables
à la santé, les urines trop abondantes et aqueuses dimi-
nuent de quantité, se colorent davantage et contiennent
plus d'acide urique; les sueurs partielles trop abondantes ou
nulles sont remplacées par une douce moiteur de la peau et
une perspiration insensible presque constante; la peau elle-
même prend une teinte de vie qu'elle n'avait pas; et les
organes de relation-participent d'une manière plus ou moins
prononcée à l'impulsion donnée par la médication tonique ;
les organes des sens exécutent leurs fonctions avec plus de
facilité, les forces musculaires se développent graduellement,
et tous les appareils reçoivent un accroissement d'énergie.

IV.

Action sudorifique du genévrier.

On a voulu autrefois, disent MM. Trousseau. et Pidoux,
distinguer les médicaments qui portent à la peau en *diaphorétiques* et en *sudorifiques*, réservant aux premiers le pouvoir
limité d'activer l'exhalation cutanée jusqu'à la transpiration
insensible inclusivement, attribuant aux seconds la faculté
plus énergique d'élever cette exhalation jusqu'à ce point que,
condensée à la surface de la peau et revêtant l'état liquide,
elle y prenne le nom de *sueur*. Il n'y a là que des degrés,
mais aucun fondement à une distinction raisonnable et naturelle. Les sudorifiques se rencontrent dans les trois règnes
de la nature ; parmi les plantes, bien qu'elles soient toutes
plus ou moins sudorifiques lorsqu'on prend chaudes leurs
infusions ou leur décoction, le *genévrier* et la *sauge*, l'*angé-
lique*, la *serpentaire de Virginie*, possèdent plus particulièrement cette vertu.

Les effets sudorifiques secondaires, c'est-à-dire dépendant

de plusieurs médications différentes, ont été reconnus et
constatés par les praticiens de tous les âges ; mais existe-t-
il quelques substances médicamenteuses qui jouissent de la
propriété immédiate et directe d'augmenter la perspiration
cutanée et de provoquer la sueur? Les médecins sur ce point
ne sont plus d'accord : les uns, frappés de l'inconcevable
facilité avec laquelle les anciens admettaient pour chaque
médicament des propriétés spécifiques fondées sur des observations superficielles ou inexactes, et des inconvénients
attachés à toutes ces propriétés occultes, ont entièrement
rejeté l'action sudorifique immédiate dans toutes les substances médicamenteuses, et ont rayé les sudorifiques de la
classe des médicaments ; les autres, plus confiants dans les
observations des anciens, accordent la propriété sudorifique
à un grand nombre de substances médicamenteuses. Il est
impossible, en effet, si on ne consulte que l'expérience, de
ne pas admettre une propriété sudorifique immédiate inhé-
rente à certaines substances, telles que le *genévrier*, la
sauge et diverses autres plantes que nous avons citées. Ces
sudorifiques, qui exercent par le système cutané une action
spéciale, sont utiles dans tous les cas où il faut chasser par
les sueurs des principes nuisibles à l'économie.

DE L'ÉTHÉROLÉ DE GENIÈVRE.

Le traitement par l'*éther* de l'huile empyreumatique obtenue par la distillation des baies du *juniperus oxycedrus,* nous a donné l'*Ethérolé de genièvre,* dont nous allons faire connaître l'action physiologique et spécifique dans les maladies qui réclament son emploi.

Ces maladies sont :

1° La gravelle ;
2° Calculs vésicaux ;
3° Gravelle et calculs biliaires ;
4° Goutte ;
5° Rhumastismes ;
6° Névralgies.

DE LA GRAVELLE. — DES CALCULS VÉSICAUX.

Le mot *gravelle,* qui est un diminutif de *gravier,* ne saurait indiquer autre chose que des graviers très petits ; mais en pathologie, il doit désigner l'ensemble des symptômes qui précèdent, suivent ou accompagnent la présence de ces concrétions dans les urines.

La gravelle est constituée tantôt par une poussière très fine, et tantôt par de petits grains sablonneux, dont le volume varie de celui d'une tête d'épingle à celui d'un pois environ. Dans le premier cas, la poussière qui la forme est seulement mêlée à l'urine, et se reconnaît immédiatement sur les parois et au fond du vase dans lequel ce liquide est rendu, ou bien elle est en combinaison intime avec elle, et s'en sépare seulement par le refroidissement. La poussière de la gravelle est ordinairement jaunâtre ou rougeâtre, elle est alors formée d'acide urique ; d'autres fois elle est grise ou blanchâtre, et composée de sels alcalins, phosphate de chaux, phosphate ammoniaco-magnésien, et lorsque l'occasion se présente d'examiner, après la mort, les reins d'un sujet atteint de la gravelle, on trouve dans les calices, dans le bassinet, dans l'uretère, une certaine quantité, soit de sable urique, soit des sels alcalins précédents, lesquels se montrent sous forme d'un dépôt blanc, amorphe, semblable à de la craie délayée dans l'eau. Un ou plusieurs petits calculs existent souvent en même temps dans ces organes; autour d'eux la membrane muqueuse est rouge, enflammée, couverte d'une exsudation de matière muqueuse et purulente. Les calculs sont uniques ou multiples, anguleux ou arrondis, lisses ou hérissés d'aspérités plus ou moins saillantes. Les graviers les plus communs qu'on rencontre dans les reins sont formés d'acide urique, comme la poussière de la gravelle, d'urate d'ammoniaque ou de phosphate ammoniaco-magnésien. Le poids et le volume des calculs rénaux proprement dits varient : ainsi ils peuvent offrir les dimensions d'une noisette, d'une noix, d'un gros œuf de poule, ou même être plus gros encore. Les calculs qui s'arrêtent dans l'uretère sont toujours moins volumineux que ceux qui demeurent dans le bassinet; ils peuvent cependant acquérir des dimensions de beaucoup supérieures au calibre naturel de ces conduits. La forme des calculs rénaux est très variée, en raison du peu de régularité des cavités dans lesquelles ils se développent; ils sont arrondis, oblongs, ovalaires, taillés à facettes, quand ils sont multiples, ou bien présentent des ramifications, des prolongements à l'aide desquels ils s'enfoncent dans l'intérieur des calices ou à l'entrée de l'uretère, et qui leur donnent un aspect branchu. Les calculs sont quelquefois percés à leur centre d'un trou, ou creusés à leur surface d'une rigole, qui permettent l'écoulement de l'urine et du pus. Ceux qui sont arrêtés dans l'uretère ont une forme générale allongée ; ils peuvent d'ailleurs occuper les différents points de la longueur de ce conduit et exister à son embouchure, dans le bassinet et vers sa partie moyenne, ou près de son extrémité vésicale. La couleur ne varie pas moins que la forme et le volume. Les concrétions formées dans le rein, que le malade expulse sous forme de gravelle à mesure qu'elles se produisent, sont généralement d'une teinte *fauve*, tirant plus ou moins sur le *rouge* ou sur le *jaune ;* celles qui séjournent et croissent dans le rein offrent des nuances plus variées ; elles sont *blanches, grises, jaunes, brunes, noirâtres :* souvent, d'ailleurs, la coloration n'est pas la même à la surface du calcul et dans son intérieur. La partie centrale qui correspond au noyau du calcul est alors plus foncée en couleur que les autres parties. — Les calculs sont homogènes ou bien composés de plusieurs couches concentriques, emboîtées les unes dans les autres, dont la couleur ainsi que la composition chimique est souvent différente. Sous le rapport de la consistance, les uns sont durs comme un caillou ; les autres se brisent avec une grande facilité. La consistance varie d'ailleurs pour un même calcul, selon qu'il est desséché ou pénétré de liquides. Examinées au point de vue de leur composition chimique, les concrétions rénales sont formées de substances qui sont, pour les principales, l'acide urique pur, l'urate d'ammoniaque, le phosphate d'ammoniaque et de magnésie, les phosphate, oxalate et carbonate de chaux, l'oxyde cystique, etc. Assez souvent le centre du calcul est formé d'acide urique, pendant que les couches extérieures sont au contraire constituées par un sel alcalin, phosphate ammoniaco-magnésien, isolés ou réunis. L'urine devenue alcaline par le fait de la *pyélite* que l'existence urique a déterminée, explique le développement de ces couches successives de sels alcalins. Les graviers bruns ou d'un brun grisâtre sont souvent formés d'oxalate de chaux coloré par du sang ou des matières animales (Rayer). La composition chimique des calculs influe sur leur consistance. Ceux d'acide urique sont plus denses et plus durs que ceux formés par des phosphates alcalins (Civiale). Irrité, enflammé par la présence d'un ou de plusieurs calculs, le rein est ordinairement augmenté de volume ; parfois, au contraire, il est atrophié et réduit à une capsule membraneuse serrée autour d'un calcul, ou entièrement vide (Civiale). Le bassinet et les calices peuvent être eux-mêmes enflammés, leur parois épaissies, injectées, ulcérées (pyélite calculeuse), ou seulement dilatées. La dilatation se fait alors à la fois et par la difficulté qu'éprouve l'urine à passer dans l'uretère ; tantôt l'urine, amassée au-dessus de l'obstacle, dilate en même temps le bassinet, le calice et le rein lui-même, dont elle refoule et atrophie la substance; il en résulte alors cette tumeur liquide connue sous le nom d'*hydropisie rénale, hydronéphrose;* d'autres fois la dilatation est partielle, et porte seulement sur l'uretère, ou sur le bassinet, ou même uniquement sur l'un des calices. M. Rayer a décrit sous le nom de *kystes urinaires et calculeux* les dilatations partielles du rein provenant de l'obstruction du goulot des calices et de leur ouverture dans le bassinet. Les calculs n'occupent ordinairement qu'un seul uretère, mais il peut y en avoir plusieurs dans le même conduit (docteur Trumet).

La gravelle peut exister longtemps sans donner lieu à aucun accident; on voit beaucoup de personnes rendre fréquemment des calculs et même en garder dans les reins de très volumineux, sans en être sensiblement incommodées : ces calculs se forment quelquefois dans la propre substance du rein, le plus souvent dans son bassinet, et offrent des variétés relatives à leur volume. Les uns sont petits et ressemblent au sable le plus fin, d'autres ont la grosseur de petits pois, etc...; mais il arrive souvent qu'ils sont évacués avec difficulté ou que leur présence détermine une irritation dans les reins, ordinairement appelée *accès* ou *colique néphrétique.* Alors le malade éprouve une agitation extrême, quelquefois des nausées, des vomissements, une douleur très aiguë dans la région lombaire ; il y a rétraction du testicule, l'urine est supprimée ou rendue en petite quantité, le ventre peu tendu, et l'on s'aperçoit facilement que la vessie contient peu d'urine ; le pouls est fréquent, serré, inégal, parfois imperceptible. Cet état peut cesser et reparaître plusieurs fois en vingt-quatre heures, ou se prolonger pendant plusieurs jours avec des intermittences de courte durée et finir par la mort. Dès que l'accès a cessé, l'urine est limpide, aqueuse, parfois trouble, sanguinolente ; elle coule avec abondance, et charrie une plus ou moins grande quantité de calculs rénaux.

Les calculs vésicaux, qui présentent une foule de différences relatives à leur nombre, leur volume, leur figure, etc., descendent quelquefois des reins et des uretères, ou, le plus souvent, se forment dans la cavité de la vessie, tantôt à l'occasion d'un corps étranger qui sert de centre autour duquel les matériaux du calcul se déposent et s'arrangent, tantôt par la concrétion spontanée des sels que contient l'urine.

Les calculs vésicaux causent ordinairement de la douleur et un dérangement dans le cours des urines, qui n'indiquent pas d'une manière certaine l'existence de ces corps étrangers, mais la font soupçonner et engagent à sonder le malade, afin d'acquérir la certitude physique, indispensable pour entreprendre leur extraction. La douleur est d'abord sympathique, les malades la rapportent à l'extrémité de la verge ; le gland devient le siége d'un chatouillement dont la vivacité augmente tous les jours ; ces douleurs deviennent quelquefois intolérables au moment où l'excrétion de l'urine s'achève ; elle augmente à la suite d'un mouvement subit, de la descente d'un escalier, du cahotement d'une voiture ; il survient alors des hématuries plus ou moins fortes, les envies d'uriner sont fréquentes, l'urine s'écoule avec un sentiment d'ardeur, son excrétion est quelquefois brusquement interrompue, le malade se consume en efforts inutiles pour la rendre, quelquefois un changement de position en rétablit l'écoulement. L'irritation qu'entraîne la présence du

corps étranger dans la vessie s'étend au rectum. Le malade
a des envies continuelles d'aller à la garde-robe, il fait des
efforts inutiles pour satisfaire ce besoin imaginaire. Cependant les douleurs deviennent plus continues et plus vives,
le calcul augmente de volume et, pressant continuellement
sur le bas-fond de la vessie, fait éprouver au malade le sentiment d'une pesanteur douloureuse dans la région du rectum; l'excrétion des urines est de plus en plus pénible, les
parois de la vessie s'engorgent et s'épaississent, son intérieur s'ulcère, les urines sont mêlées de sang et de pus; la
fièvre hectique se déclare, et les malades peuvent y succom-
ber.

TRAITEMENT DE LA GRAVELLE ET DES CALCULS
PAR L'ÉTHÉROLÉ DE GENIÈVRE.

Ce traitement repose sur trois indications principales :

1° *Diminuer la quantité d'acide urique formée par les reins.*
Les malades devront s'astreindre au régime indiqué page 28.

2° *Augmenter la sécrétion de l'urine,* afin que les graviers
d'acide urique soient dissous. Le moyen qui se présente na-
turellement est celui qui consiste à bannir les liqueurs al-
cooliques concentrées et à boire abondamment : peu importe
la nature du liquide, pourvu que l'eau en forme la base.

Les propriétés diurétiques incontestables de l'Ethérolé de
genièvre remplissent ici parfaitement cette indication. L'action physiologique de cette substance se porte directement
sur les reins, organe secréteur de l'urine, et augmente la
diurèse qui élimine avec elle les substances non assimilées,
qui tendent à devenir des produits morbides.

3° *Favoriser l'expulsion des calculs en dissolvant le mucus
qui unit entre eux les sables dont sont formées les concrétions.*

On a dit: les boissons abondantes, en augmentant la
quantité de l'urine, ont pour résultat d'entraîner les graviers
à mesure qu'ils se forment. Cette prompte expulsion est importante, puisque si les graviers restent dans la vessie, ils

peuvent servir de noyau à des calculs. L'exercice à pied ou
à cheval, la promenade dans les voitures un peu rudes, dé-
terminent des secousses très favorables pour faciliter la progression des graviers à travers les conduits urinaires. Ce ne
sont guère là que des moyens mécaniques ou infidèles.

L'Ethérolé de genièvre, qui n'est nullement un remède se-
cret, stimule les organes gastro-intestinaux et principalement
les reins, le foie, la rate, etc., et augmente toutes les sécrétions urinaires et biliaires. Il agit comme dissolvant sur
le mucus qui réunit les poussières destinées à devenir des
graviers. Il désunit, désagrége les calculs, qui, réduits en
poudre, sont expulsés facilement par le canal de l'urètre.
Ce n'est point ici une théorie, mais un fait pratique qui se
renouvelle chaque jour, qui a pour lui la sanction du temps
et de l'expérience.

GRAVELLE BILIAIRE. — CALCULS BILIAIRES.

Des concrétions pierreuses peuvent se former dans les
principaux canaux biliaires, dans la vésicule du fiel et même
dans le parenchyme hépatique ; elles se présentent soit sous
forme de *gravelle*, soit sous forme de *calculs biliaires*.

La *gravelle biliaire* se présente sous forme de poussière
plus ou moins ténue et ne diffère des calculs que par le volume et le défaut d'une apparence organisée.

Les *calculs biliaires* sont presque toujours multiples, et on
les compte quelquefois par vingtaines, par centaines. Pour
qu'un calcul n'appartienne pas à la gravelle, dit M. Fau-
conneau-Dufresne [1], il faut au moins qu'il ait une apparence de la structure que nous allons indiquer, et pour cela
il doit être au-dessus du volume d'une très petite lentille.
Le volume des calculs a donc pour point de départ cette

[1] Maladies du foie et du pancréas.

dernière dimension, d'où il s'élève graduellement pour atteindre parfois celle d'un gros œuf de poule ; leur poids, qui communément ne dépasse pas 50 à 60 centigrammes, peut aller jusqu'à 100 grammes ; leur couleur, rarement blanche, rappelle celle de la bile où ils macèrent ; elle est en général grise ou jaune verdâtre, et dépend, du reste, de la quantité de matière colorante qui leur est combinée ; leur figure, s'ils sont uniques, se rapproche plus ou moins de la forme ronde. Quand ils sont multiples, les frottements qu'ils exercent les uns sur les autres les rendent irréguliers, et ils offrent alors de nombreuses facettes circonscrites par des arêtes mousses. C'est ainsi qu'ils se comportent dans la vésicule. A l'entrée du canal cystique, ils sont de forme conique ; dans les canaux biliaires, ils sont allongés, comme ces canaux eux-mêmes. L'expulsion d'un calcul à facettes indique donc qu'il y en a plusieurs dans la vésicule. Ordinairement fragiles, ils se réduisent par la pression en une poudre grasse au toucher. Si on les approche d'une bougie, ils prennent feu et brûlent avec incandescence.

Les calculs renfermés dans la vésicule biliaire peuvent y séjourner très longtemps sans accident. S'ils y grossissent et qu'ils s'y multiplient, ils soulèvent quelquefois ce réservoir et peuvent être directement sentis chez les sujets maigres. Mais, en général, différents troubles indiquent leur présence.

La douleur à l'hypocondre droit et au creux épigastrique, voisin du canal cholédoque, est un des plus constants ; elle est ordinairement sourde, gravative, mais, de temps à autre, elle présente quelques exacerbations légères que les malades qualifient de *crampes d'estomac*. Elle se répand dans la partie correspondante du dos, dans le côté droit du thorax, dans l'épaule et dans la partie supérieure du bras, du côté droit. L'appétit est languissant, les digestions lentes, difficiles ; la constipation est habituelle, ou elle alterne avec la diarrhée ; les matières fécales sont décolorées ; l'urine, la peau et les conjonctives gardent une teinte ictérique permanente. Quelques sujets sont pris de vomissements à différents intervalles. En même temps, la nutrition languit, l'embonpoint s'efface, la physionomie s'altère. Il y a tendance au découragement, à l'hypocondrie. Les accidents restent modérés pendant un temps variable ; mais, un jour ou l'autre, la douleur s'exaspère, et on voit se déclarer une série de phénomènes aigus qui constituent la *colique hépatique.*

Mais par quel mécanisme un corps étranger peut-il parcourir ainsi les voies biliaires, dépourvues de fibres musculaires ?

On comprend qu'un calcul de l'urètre soit poussé au dehors par le poids de la colonne liquide qui le presse par derrière, et par la contraction du muscle vésical ; qu'un calcul du rein chemine dans l'uretère jusqu'à la vessie, soumis qu'il est d'une manière directe à l'influence de la pesanteur et au poids du liquide qui s'accumule incessamment au-dessus de lui. Mais, de la vésicule à l'origine du canal cholédoque, il n'y a ni contraction musculaire ni colonne liquide pour constituer une *vis à tergo ;* il faut donc chercher ailleurs l'explication du phénomène. Voici celle que donne M. Trousseau (1). Le canal cystique, vivement irrité, s'enflamme ; sa membrane interne sécrète une notable quantité de mucus, qui, d'une part, dilate ce conduit, et qui constitue, d'autre part, une *vis à tergo* accidentelle, à laquelle s'ajoute bientôt le poids d'une colonne de bile quand le calcul a atteint l'origine du canal cholédoque, d'ailleurs plus large lui-même.

TRAITEMENT.

Il y a déjà quelques années que le professeur Trousseau, dont nous venons de citer le nom, avait prescrit l'éther en capsules contre la gravelle et les calculs biliaires. Il en prescrivait huit, dix et douze par jour. L'Ethérolé de genièvre a une double action physiologique dans ce cas ; car si, d'une part, l'éther agit comme anesthésique contre la sensibilité

(1) *Leçon recueillie en* 1863.

de l'estomac et du duodénum, et comme antispamodique pour calmer les spasmes des canaux biliaires, d'autre part, l'action physiologique spéciale au genièvre vient empêcher la formation desdites concrétions biliaires ou faciliter leur solubilité.

Pour éviter le retour des accidents, c'est-à-dire la formation de nouvelles concrétions biliaires, on doit s'astreindre au régime suivant :

« La gravelle et les calculs biliaires étant composés principalement de matière grasse, se formeront difficilement chez les sujets dont la combustion respiratoire est active, et qui consomment peu d'aliments azotés, surtout s'ils font usage, en même temps, de médicaments qui servent à la combustion des matières carbonées. On conseillera donc l'exercice fréquent du système musculaire, et l'usage, à l'intérieur comme à l'extérieur, de préparations alcalines, si influentes sur la combustion des matières grasses. Les malades seront soumis à des bains alcalins réguliers (150 grammes de sous-carbonate de soude pour un bain); ils prendront, à l'intérieur, le bicarbonate de soude à la dose de 2, 4, 6 grammes par jour; en même temps, ils devront éviter les viandes et les poissons chargés de graisse, le beurre, la crème, et consommer, au contraire, des substances végétales qui ont pour effet d'alcaliser notablement les humeurs. Un traitement de ce genre, qui a pour but de modifier profondément les fluides organiques, doit être continué pendant un temps fort long. »

DE LA GOUTTE ET DES RHUMATISMES.

La goutte est une maladie caractérisée par une fluxion douloureuse sur les articulations, et principalement sur celles des pieds et des mains, et par des affections symptomatiques très diverses, notamment par la gravelle et les troubles de la digestion. On lui a donné les noms de *podagre*, *chiragre*, *gonagre*, *omagre*, *ischias*, suivant qu'elle affecte le *pied*, la *main*, le *genou*, l'*épaule*, la *hanche*. Cette maladie est souvent héréditaire, alors elle peut se montrer dans la jeunesse, mais acquise, on l'observe rarement avant trente-cinq ans. Elle attaque tous les tempéraments, toutes les constitutions, et plus ordinairement les hommes que les femmes. On a encore remarqué que cette maladie atteignait plus souvent les sujets obèses et sanguins. Elle reconnaît le plus souvent pour cause les excès de table, le défaut d'exercice, une vie molle et sé-dentaire, ce qui l'a fait surnommer la maladie des maîtres (*morbus dominorum*). Elle peut aussi être produite par la suppression de la transpiration ou d'un exutoire, les varia-tions atmosphériques, l'impression du froid humide, etc. Les vicissitudes atmosphériques du printemps et de l'au-tomne font que les attaques de goutte sont plus fréquentes dans ces deux saisons.

L'invasion de la goutte, dit le docteur B. Lunel, s'an-nonce souvent par des signes précurseurs : troubles de la digestion, vomissements, selles bilieuses, engourdissements partiels, crampes dans la partie menacée ; quelquefois, ce-pendant, elle débute d'une manière brusque. Dans tous les cas, c'est ordinairement au milieu de la nuit, souvent même après quelques heures d'un sommeil sans trouble, qu'une douleur se fait sentir, le plus souvent à l'articulation du gros orteil. Cette douleur est suivie de tremblements, de frissons, d'une impossibilité absolue de mouvoir et de rien supporter qui la touche. Cet état ne dure que six, huit, dix, douze ou vingt-quatre heures, et se termine par une sueur, surtout vers la partie affectée ; mais il revient ou le même jour, ou le lendemain, pour durer quatre ou cinq jours ; c'est ce qui constitue un accès. A ce premier accès en succède souvent un second, même un troisième à peu près semblables, et cette succession de deux, trois, quatre accès, forme une *attaque.* Dans la plupart des cas, ces attaques ne se produi-sent qu'après un laps de temps de plusieurs mois, d'un an même, et plus. Mais une fois qu'elles se sont renouvelées, elles se succèdent alors de plus près, en perdant un peu de leur violence : aussi en revanche, le gonflement des parties qui accompagne les douleurs, présente un volume toujours croissant, à mesure que les attaques se renouvellent sur un point déterminé ; puis on y remarque des noyaux ou concrétions pierreuses, et une rougeur tirant sur le violet. La répétition continue des attaques, quelquefois aussi une sorte de travail organique sans douleur, conduisent d'autres malades à un état de détérioration que signalent la décoloration de la peau, la langueur générale de la constitution et les déformations les plus extraordinaires des parties tendineuses, articulaires et osseuses.

La goutte ne se borne pas toujours aux articulations ; on dit qu'elle est *remontée* ou *rentrée* lorsqu'elle abandonne brusquement les articulations pour s'emparer de l'estomac, de la poitrine et du cerveau. Chacune de ces métastases est caractérisée par des symptômes particuliers, celle de l'estomac est annoncée par des anxiétés, des vomissements, une douleur violente (cardialgie) ; celle de la poitrine, par une grande difficulté de respirer, des palpitations, des syncopes ; celle du cerveau, par des vertiges, un mal de tête violent, un état comateux, l'apoplexie, la paralysie, etc. Les malades atteints de cette terrible affection rendent souvent, surtout à la fin d'un accès, une urine rouge qui dépose beaucoup d'acide urique ou de graviers d'urate d'ammoniaque : preuve de l'affinité de la goutte avec les affections calculeuses des voies urinaires.

Le *rhumatisme* est une affection essentiellement mobile, attaquant plus particulièrement les parties fibreuses des jointures et des muscles, et caractérisée par une douleur plus ou moins vive, à laquelle se joignent assez souvent des symptômes inflammatoires.

Lorsqu'on étudie, dit Grisolle, les différentes formes sous lesquelles se présente à nous l'affection rhumatismale, on trouve d'abord entre elles tant de dissemblances, qu'on serait tenté d'y voir tous autres états morbides distincts les uns des autres. Que de différences n'y a-t-il pas, par exemple, entre les douleurs erratiques mobiles des muscles et le rhumatisme articulaire aigu ? Cependant, il est facile de reconnaître que ces maladies, en apparence si distinctes, ne diffèrent que par la forme ; elles coexistent entre elles, se remplacent, alternent les unes avec les autres ; elles surviennent sous l'influence des mêmes causes et dépendent d'une même diathèse. Eu égard à son siége spécial, comme à l'état symptomatique qui l'accompagne, on peut diviser l'affection rhumatismale en deux grands groupes, suivant qu'elle siége dans les muscles ou dans les articulations. De là la division du rhumatisme en *musculaire* et en *articulaire*. On a aussi établi un troisième ordre, comprenant les rhumatismes *viscéraux ;* on ne possède encore sur ces derniers que des renseignements peu précis. Il est d'ailleurs certain que, sous la dénomination de rhumatismes viscéraux, on a confondu des affections très dissemblables.

Les causes des rhumatismes sont la prédisposition, l'habitation des lieux bas et humides, les refroidissements, l'intempérance, la suppression d'évacuations habituelles, etc. Il peut affecter tous les âges, mais surtout les adultes et les vieillards.

TRAITEMENT.

Avant qu'ils n'empruntassent quelques secours de la chimie, les praticiens avaient remarqué déjà qu'il existe une analogie frappante entre la goutte et certaines affections du système urinaire. Les calculs qui se forment dans les différentes parties de ce système, comparés aux concrétions qui se déposent sur les articulations des goutteux, n'étaient pas encore la partie la plus frappante de ces analogies. Ils voyaient dans les accès de goutte les urines s'altérer : elles se chargent en effet d'un sédiment rouge, briqueté, quelquefois si abondant qu'il donne aux urines une consistance presque boueuse. Les médecins remarquaient en outre que la gravelle est un accident très fréquent chez les goutteux ; que souvent un accès de gravelle succède à une attaque de goutte , qu'un goutteux a fréquemment la pierre ; que ces affections différentes alternent les unes avec les autres dans le renouvellement des générations ; qu'ainsi les enfants d'un homme qui a la goutte sont sujets à avoir la gravelle et à devenir calculeux, et que les enfants d'un homme qui a eu la gravelle ou la pierre sont sujets aux maladies goutteuses. (Dr S.-A. Turck.)

Il existe une très grande analogie entre la goutte et le rhumatisme, c'est-à-dire une diathèse ou disposition spéciale à contracter ces maladies chez certains individus, et nous sommes persuadé que la gravelle appartient à ce groupe d'affections, si l'une d'elles n'est pas la conséquence de l'autre, *et vice versâ*.

Les causes de ces maladies sont à peu près les mêmes ; le même régime leur est applicable en partie ; enfin le traitement médical a pour base les mêmes indications. Si l'on doutait de ces rapprochements, il suffirait de rappeler que non-seulement les urines sont graveleuses dans le rhumatisme et la goutte, mais encore que les productions tophacées qui se déposent dans les articulations des malades sont identiques, par leur composition chimique, à certains calculs vésicaux.

Le traitement de la goutte se divise en celui qui convient aux accès et celui qui est applicable à leurs intervalles. On ne doit pas perdre de vue que cette maladie jouit du fâcheux privilége de se porter d'un lieu dans un autre, et que le plus souvent elle quitte une petite articulation pour aller se fixer sur une autre plus importante, ou même sur l'un des principaux viscères intérieurs , accident qu'il faut prévenir à tout prix, puisqu'une mort prompte peut en être la suite.

Pendant l'accès, le régime est d'une haute importance ; le négliger, c'est s'exposer à rendre inutiles tous les autres soins. Quand les symptômes sont très aigus, la diète doit être sévère tant que la fièvre persiste ; dans tous les cas, l'alimentation doit être végétale et très légère ; ainsi les fécules, le salep, le sagou, sont très convenables, on les prépare au lait, ou avec du bouillon de veau ou de poulet.

Les boissons délayantes, prises à une douce température, conviennent parfaitement ; de ce nombre sont les infusions de fleurs de sureau, de bourrache, d'orge, l'eau gommée, etc. On ajoute avec avantage aux boissons quelques légères doses de sel de nitre, qui agit en excitant l'action des reins.

Au régime alimentaire indiqué page 28, les goutteux joindront l'habitation dans un lieu sec et bien aéré, ils devront porter sur la peau des vêtements de flanelle, et se mettre à l'abri des vicissitudes atmosphériques et surtout de l'humidité.

Dans l'intervalle des accès, c'est d'après l'analyse de l'urine que l'on reconnaît la composition chimique des matières salines qui existent dans le sang (attendu qu'une faible quantité de ces matières est toujours éliminée par les voies urinaires), et que le malade doit faire usage de préparations capables de rendre solubles, en se combinant avec eux, les sels insolubles contenus dans le sang.

L'affection dite goutteuse présente douze variétés, et ce n'est que par l'analyse de l'urine et des dépôts urinaires que le médecin peut être fixé sur l'espèce de goutte qu'il a à traiter. Aussi les médicaments spéciaux, les eaux minérales naturelles, ne réussissent-ils que par l'effet du hasard ; les eaux minérales alcalines ont été préconisées, parce que par leur emploi on a combattu souvent avec succès une des variétés les plus communes de la goutte, celle occasionnée par l'acide urique et les urates. Cent goutteux représentent cent maladies différentes, qui exigent cent traitements différents ; il en est de même, d'ailleurs, pour toutes les maladies.

D'excellents résultats nous ont aussi été donnés par l'Ethérolé de genièvre dans certaines névralgies, et les médecins l'ont employé avec avantage dans la *dysurie,* les *ca-tarrhes chroniques* de la *vessie* et de l'*urètre*, la *néphrite calculeuse,* l'*aménorrhée asthénique,* les *obstructions abdomi-nales* et quelques *maladies de la peau.*

Les remèdes de Durande, d'Hufeland, de Bricheteau ; les pilules de Richter, de Lhéritier, de Mentel, de Whitt, etc., etc., ont donné des résultats négatifs dans le traitement de la gravelle, des calculs vésicaux et des calculs biliaires ; ceux de Boubée, Plenck, Lemery, Terrier, Home, Ritchar, Greff, Prague, Gondret, etc., n'ont pas eu beaucoup plus de succès contre la goutte et les rhumatismes. C'est qu'aucun de ces agents thérapeutiques n'avait la puissance de s'opposer à la formation des calculs et de dissoudre le fluide particulier sécrété par certaines membranes muqueuses. Ce fluide constitue une matière visqueuse, composée d'un liquide gluant, et notamment de cellules épithéliales. C'est cette substance spéciale, ce mucus *sui generis,* qui facilite la formation des concrétions qui se forment, soit dans l'épaisseur des tissus organiques, soit dans des cavités ouvertes ou fermées.

GOUTTE ET GRAVELLE.

RÉGIME A SUIVRE.

Nourriture peu substantielle et boisson étendue d'eau. — Aux repas, prendre une certaine quantité d'aliments féculents et herbacés. — Eviter de se nourrir, dans un même repas, de viande, d'œufs, de poisson, qui se trouvent réunis sur la même table. — Choisir un ou deux de ces mets pour y joindre une proportion de légumes, comme pommes de terre, carottes, salsifis, épinards, laitue, chicorée, betterave. — L'oseille est complétement prohibée ainsi que la tomate. — Les asperges doivent être mangées en petite quantité ;

elles ne sont point diurétiques, elles congestionnent les reins, raréfient l'urine et lui donnent une odeur forte. — La boisson habituelle doit être l'eau rougie avec un tiers de vin. — Café étendu d'eau. — Le vin pur sera pris exceptionnellement et en petite quantité. — Jamais d'eau-de-vie ni de liqueurs.

ÉTHÉROLÉ DE GENIÈVRE.

MODE D'EMPLOI ET DOSES.

Afin de dissimuler l'odeur et la saveur peu agréables de l'Ethérolé, nous le renfermons dans de petites capsules de pâte de jujubes.

Pour prendre les capsules, on les place dans une cuillerée d'eau, et on les avale comme s'il s'agissait d'un potage.

On commencera par une ou deux capsules matin et soir; on augmentera la dose à volonté.

L'Ethérolé de genièvre ne peut jamais être préjudiciable à la santé, quelle que soit la dose à laquelle il est administré. Du reste, pour les doses et l'administration, les malades pourront toujours s'en référer à l'avis de leur médecin.

SEL VOLATIL DE GENIÈVRE.

Le sel volatil de genièvre représente les sels fusibles contenus dans les baies du genévrier.

Il est employé dans le traitement de la diathèse d'acide urique, dans le cas où ce corps se dépose dans l'urine comme élément de formation calculeuse, ou lorsqu'il existe à l'état d'urate de soude dans les articulations, comme dans la goutte et le rhumatisme goutteux.

Ce sel agit aussi sûrement et aussi promptement pour couper les accès de goutte que le sulfate de quinine dans les fièvres intermittentes.

MODE D'EMPLOI ET DOSES :

On fait dissoudre une pincée (la valeur d'une prise de tabac) de sel volatil dans un petit verre à liqueur rempli d'eau, et l'on boit cette solution en une seule fois.

La dose moyenne est de trois pincées par jour : une le matin, une à midi et une le soir, une heure avant ou deux heures après avoir mangé.

Tenir le flacon bien bouché.

GOUTTE.

1° Age. — 2° Structure générale; corpulence ; peau ; complexion. — 3° Tempérament ; constitution. — 4° Habitation ; climat; à quelles autres maladies le goutteux est-il sujet ? — 5° Genre de vie ; occupations. — 6° La goutte est-elle dans la famille, et à quel degré de parenté ? — 7° A quel âge la première attaque, et dans quelle partie ? — 8° Dans quelles parties consécutives et dans quel ordre ? Les diverses parties ont-elles été affectées simultanément ou successivement ? — 9° Saison de l'année ; y a-t-il périodicité ? — 10° Causes générales prédisposantes et excitantes. — 11° Quels sont les symptômes précurseurs ? — 12° Quelle est la partie la plus douloureuse ? — 13° Sensations locales dans le fort du paroxysme. —

14° Symptômes généraux relatifs au pouls, à la peau, à la langue, à l'action et à l'état du tube digestif, des reins. — 15° Quel a été le traitement ordinaire et quels en ont été les résultats? — 16° La goutte a-t-elle jamais été rétrocessive? quelle partie a-t-elle quittée? quelle est celle qu'elle a occupée ensuite? quelle en a été la cause excitante? — 17° Quelle a été la plus longue et la plus courte durée d'un paroxysme? — 18° Quel changement de structure est-il survenu dans les parties affectées durant les paroxysmes? — 19° Les progrès de la goutte augmentent-ils ordinairement en proportion de la sévérité ou de la durée du paroxysme? — 20° La goutte a-t-elle succédé ou non à des maladies? — 21° Le malade considère-t-il sa constitution comme améliorée ou altérée par la goutte? — 22° A quelles autres maladies la goutte a-t-elle prédisposé? — 23° L'urine dépose-t-elle avant, pendant ou après les accès? — 24° Quelle est la couleur ordinaire du sédiment de l'urine? la couleur de ce sédiment varie-t-elle? Laisser déposer l'urine, la décanter, et m'envoyer dans une lettre une pincée du dépôt desséché. — 25° Si le malade possède des cartes photographiques, m'en communiquer un exemplaire.

Faire dissoudre le petit paquet de sel réactif ci-joint dans un verre (à vin de Bordeaux) d'urine du   ; me dire si une effervescence s'est produite, si un dépôt s'est formé, la couleur de ce dépôt? si l'urine a changé de couleur, si elle a pris une consistance sirupeuse, ou, ce qui peut arriver, si le sel s'est dissous sans donner lieu à aucune réaction?

Il ne suffit pas de verser le sel réactif dans l'urine, il faut en favoriser la dissolution en agitant le mélange, pendant deux ou trois minutes, avec une petite tige de bois, puis laisser le dépôt se former, ce qui exige une heure environ. C'est alors qu'on l'examine avec soin et qu'on prend note du résultat de l'expérience.

Me renvoyer la petite bande de papier réactif ci-incluse, après l'avoir laissé tremper pendant une seconde dans l'urine du

---

Se procurer une petite fiole de la contenance de 100 à 120 grammes environ ; la peser très exactement, une première fois vide, ensuite remplie d'eau, puis une troisième fois remplie d'urine du   *Me donner les trois nombres trouvés.*

Le prix de chaque Etui
(ÉTHÉROLÉ, SELS, PILULES, POUDRE, ETC.)
est de 10, 20 ou 30 francs,
selon le produit qu'il renferme.

Envoi franco *par la poste.*

Afin d'éviter toute comptabilité, on est prié de nous envoyer un mandat sur la poste, après chaque expédition.

Nécessaire complet pour l'analyse de l'urine, à l'usage des malades, contenant les réactifs nécessaires pour déceler les altérations pathologiques de ce liquide (diabète, albuminurie, etc.); l'analyse des sédiments (goutte, gravelle), balance de précision, thermomètre, pèse-urines, microscope, capsules, éprouvettes, réchaud à esprit-de-vin, tubes, etc., etc., le tout renfermé dans une boîte fermant à clé ; prix . . . . 100 fr.

A l'aide de la notice explicative, accompagnée de planches, les personnes étrangères à la chimie peuvent se livrer de suite aux manipulations.

BESANÇON, IMPR. J. JACQUIN.

www.ingramcontent.com/pod-product-compliance
Lightning Source LLC
Chambersburg PA
CBHW070755210326
41520CB00016B/4703